U0359009

MathStart®
洛克数学启蒙②

吸盘式
飞镖
3
次机会
赢取
海豚
吉祥物
巧克力
香蕉脆皮棒
催眠师
蒂姆
入口

大了还是小了

[美]斯图尔特·J. 墨菲 文 [美]大卫·T. 温泽尔 图 漆仰平 译

海峡出版发行集团 THE STRAITS PUBLISHING & DISTRIBUTING GROUP | 福建少年儿童出版社 FUJIAN CHILDREN'S PUBLISHING HOUSE

送给一定会成为数学能手的内森。

——斯图尔特·J. 墨菲

送给我的儿子克里斯托弗。

——大卫·T. 温泽尔

MORE OR LESS
Text Copyright © 2005 by Stuart J. Murphy
Illustration Copyright © 2005 by David T. Wenzel
Published by arrangement with HarperCollins Children's Books, a division of HarperCollins Publishers through Bardon-Chinese Media Agency
Simplified Chinese translation copyright © 2023 by Look Book (Beijing) Cultural Development Co., Ltd.
ALL RIGHTS RESERVED

著作权合同登记号：图字 13-2023-038号

图书在版编目（CIP）数据

洛克数学启蒙. 2. 大了还是小了 / (美) 斯图尔特·J.墨菲文 ; (美) 大卫·T.温泽尔图 ; 漆仰平译. -- 福州 : 福建少年儿童出版社, 2023.9
ISBN 978-7-5395-8100-2

Ⅰ. ①洛… Ⅱ. ①斯… ②大… ③漆… Ⅲ. ①数学－儿童读物 Ⅳ. ①O1-49

中国国家版本馆CIP数据核字(2023)第005836号

LUOKE SHUXUE QIMENG 2 · DALE HAISHI XIAOLE
洛克数学启蒙2·大了还是小了

著　　者：[美]斯图尔特·J. 墨菲　文　[美]大卫·T. 温泽尔　图　漆仰平　译
出 版 人：陈远　出版发行：福建少年儿童出版社　http://www.fjcp.com　e-mail:fcph@fjcp.com　社址：福州市东水路 76 号 17 层（邮编：350001）
选题策划：洛克博克　责任编辑：曾亚真　助理编辑：赵芷晴　特约编辑：刘丹亭　美术设计：翠翠　电话：010-53606116（发行部）　印刷：北京利丰雅高长城印刷有限公司
开　　本：889 毫米 ×1092 毫米　1/16　印张：2.5　版次：2023 年 9 月第 1 版　印次：2023 年 9 月第 1 次印刷　ISBN 978-7-5395-8100-2　定价：24.80 元

版权所有，侵权必究！未经许可，不得以任何方式复制或转载本书的全部或部分内容。
如发现印刷质量问题，请直接与承印厂联系调换。
联系电话：010-59011249

大了还是小了

肖先生在临湾小学当了好多年校长，到底有多少年，已经没几个人记得清了。现在，肖先生要退休了。

为了向他表示敬意，大家打算在校园里举办一场盛大的户外聚会，全体师生、大部分家长、肖先生的家人，以及附近的居民都来了。操场上摆满了游戏摊位。

“埃迪猜年龄”是其中非常受欢迎的摊位之一。如果埃迪只提问 3 次或少于 3 次就能猜出一个人的年龄，他就赢了；如果提问 4 次或 4 次以上才猜出来，玩家就会得到奖励；如果提问 6 次还没猜出来，那么埃迪就会被弹进大水缸。

埃迪很厉害，也很幸运，
他一次都还没进过大水缸呢。

埃迪的同学克拉拉也来了。她故意捏着嗓子说话，这样埃迪就不知道她是谁了。

“我敢打赌，你猜不出我的年龄。”克拉拉说。

“小于 10 吗？”埃迪问。

“对。”克拉拉说。

“大于 7？”

“对。”

......5 6 7 8 9 10 11 12......

“大于 7 岁，又小于 10 岁。你的年龄是偶数吗？”埃迪问。

“不是。”克拉拉尖声说。

“那么，我猜你 9 岁。”埃迪说，“你得不到奖品啦。”

“噢。”克拉拉恢复了本来的声音，她抱怨道，“我还什么都没赢过呢。”

“去试试别的游戏吧，”埃迪说，“你永远不知道好运什么时候来——克拉拉！”

一位家长来到埃迪的摊位。她故意装出低沉又凶巴巴的声音，不过埃迪仍然能分辨出她是个成年人。埃迪想，我妈妈刚满42岁。也许我应该从这个数字猜起。

“您的年龄比 42 岁大吗？”埃迪问。

“是的。”这位女士低语。

“您过完 46 岁生日了吗？”埃迪问。
“没有。”她回答。

……40
41
42
43
44
45
46
47
48……
奖品

“是个奇数吗？”埃迪又问。在 42 和 46 之间有两个奇数。如果这位女士说是，埃迪就得问第 4 个问题，那奖品就要送出了。

“不是。”女士说。

“那么您是 44 岁。”埃迪说，“您得不到奖品啦。”

与此同时，克拉拉决定接受埃迪的建议。
可她的运气还是没有转变。

“很遗憾，”套圈摊位上的女士对克拉拉说，“要不你去试试投飞镖？”

一个大孩子走到埃迪的摊位前。他的声音听起来有十来岁的样子，于是埃迪问："你的年纪大于 13 岁吗？"

"是的。"男孩低声说。

"小于 15 岁吗？"

"不。"男孩回答。

这下有麻烦了，埃迪心想。

“大于20岁？”他问。

“不。”男孩说。

……12 13 14 15 16 17 18 19 20 21 22……
规则
3次提问及以内：埃迪赢！
4次提问或更多：你获奖啦！
超过6次提问：埃迪就得进水缸

埃迪想，15 到 20 岁之间，可以缩小范围了。“你是 18 岁吗？”他问。

“不是。”男孩说。

“你是 17 岁？”

“你终于猜出来了。”男孩说，“但你问了 5 次。”

“选个奖品吧。”埃迪说。

“啊，太遗憾了，”男孩说，“我想看你进水缸！”

在隔壁的摊位上，克拉拉仍在努力赢取奖品。

“克拉拉，我觉得这个游戏不适合你。”负责飞镖游戏的老师说，“看——那边不是你爷爷吗？”

克拉拉抬头望去。她咧嘴一笑，朝埃迪的摊位跑去。

下一个出现在埃迪摊位上的人，声音听上去年纪有点大了。
“您超过 50 岁了吗？”埃迪问。
“是的。”这位男士说。

“小于 55 岁？”埃迪问。
“不是。”男士说。
“55 岁到 60 岁之间？”
“不是。”
“62 岁以下吗？”
“不是。”

……50 51 52 53 54 55 56 57 58 59
快来
埃迪落水

埃迪只知道这个人至少 62 岁了。

“您小于 68 岁吗？”埃迪问。

“不是。”男士说。埃迪再提问一次就要进水缸了。

“您是 69 岁吗？”他问。

“不是！”话音刚落，埃迪就听见了克拉拉的笑声。然后……

……67 68 69 70 71 72 73 74 75 76 77 78

扑通！

埃迪一边从水缸里爬出来，一边解开眼罩。“您一定和肖先生一样大！”他边说，边抹去眼睛里的水。

“我就是肖先生，”老先生说，“我今年 70 岁了。”

肖先生选了整个摊位上最大的奖品，把它递给了克拉拉。
克拉拉和她的临湾海豚来了个大大的拥抱。“谢谢爷爷！”她说。

写给家长和孩子

《大了还是小了》中所涉及的数学概念是数字比较，这是理解“大于”和“小于”概念的重要部分。本书也示范了如何有逻辑地去猜测。孩子要懂得如何分析已有信息，然后提出问题，做出“有根据的”猜测，而不是随机去猜。

对于《大了还是小了》中所呈现的数学概念，如果你们想从中获得更多乐趣，有以下几条建议：

1. 和孩子一起读故事。每次读到有人来玩猜年龄游戏的时候，让孩子预测一下，埃迪会提什么问题。在埃迪说出正确年龄时暂停一下，和孩子讨论，埃迪是如何通过这些问题得出正确答案的。

2. 再次阅读故事。在读到有人来玩猜年龄游戏的时候，停下来让孩子想一想，能否提出一些与埃迪不同的问题来找到答案。这将引导孩子思考问题和答案之间的关系，也让孩子明白提出正确的问题是多么重要。

3. 脑中想一个数字，告诉孩子它位于什么范围，例如“位于10和20之间”。孩子猜数时，你要指出每一个猜测的数字比正确答案大还是小。鼓励孩子尽量在3次以内找到答案。然后让孩子想一个数字，你来猜。孩子要告诉你，你猜测的数字比正确答案大还是小。

如果你想将本书中的数学概念扩展到孩子的日常生活中，可以参考以下这些游戏活动：

1. 神秘数字：为一个特定数字写出线索，例如：比 50 大，比 60 小，比 55 大，比 58 小，是个奇数，等等。给孩子前两个线索，让他写下所有可能的数字。接下来，将其他线索一个一个地给出来。让孩子划掉不符合条件的数字，直到孩子找到正确答案。

2. 不等式：制作 12 张卡片，每张卡片上都有一个数字和“大于”或“小于”符号，例如“<12”或“>14”。再做 12 张上面只有一个数字的卡片。分别将两套卡片进行洗牌后摆成一摞，正面朝下。第一个玩家从每摞中各抽取一张，即拿出两张卡片。如果玩家可以将这两张卡片排列成能够成立的不等式，如 14<30，就保留卡片并再抽取两张。如果无法排列成可以成立的不等式，就把卡片正面朝下放回去，轮到下一个玩家重新洗牌后抽取。最后，拥有卡片数量最多的玩家获胜。

洛克数学启蒙

《虫虫大游行》 比较
《超人麦迪》 比较轻重
《一双袜子》 配对
《马戏团里的形状》 认识形状
《虫虫爱跳舞》 方位
《宇宙无敌舰长》 立体图形
《手套不见了》 奇数和偶数
《跳跃的蜥蜴》 按群计数
《车上的动物们》 加法
《怪兽音乐椅》 减法

《小小消防员》 分类
《1、2、3，茄子》 数字排序
《酷炫 100 天》 认识 1~100
《嘀嘀，小汽车来了》 认识规律
《最棒的假期》 收集数据
《时间到了》 认识时间
《大了还是小了》 数字比较
《会数数的奥马利》 计数
《全部加一倍》 倍数
《狂欢购物节》 巧算加法

《人人都有蓝莓派》 加法进位
《鲨鱼游泳训练营》 两位数减法
《跳跳猴的游行》 按群计数
《袋鼠专属任务》 乘法算式
《给我分一半》 认识对半平分
《开心嘉年华》 除法
《地球日，万岁》 位值
《起床出发了》 认识时间线
《打喷嚏的马》 预测
《谁猜得对》 估算

《我的比较好》 面积
《小胡椒大事记》 认识日历
《柠檬汁特卖》 条形统计图
《圣代冰激凌》 排列组合
《波莉的笔友》 公制单位
《自行车环行赛》 周长
《也许是开心果》 概率
《比零还少》 负数
《灰熊日报》 百分比
《比赛时间到》 时间